essentials

Essentials liefern aktuelles Wissen in konzentrierter Form. Die Essenz dessen, worauf es als „State-of-the-Art" in der gegenwärtigen Fachdiskussion oder in der Praxis ankommt. Essentials informieren schnell, unkompliziert und verständlich

- als Einführung in ein aktuelles Thema aus Ihrem Fachgebiet
- als Einstieg in ein für Sie noch unbekanntes Themenfeld
- als Einblick, um zum Thema mitreden zu können.

Die Bücher in elektronischer und gedruckter Form bringen das Expertenwissen von Springer-Fachautoren kompakt zur Darstellung. Sie sind besonders für die Nutzung als eBook auf Tablet-PCs, eBook-Readern und Smartphones geeignet.

Essentials: Wissensbausteine aus Wirtschaft und Gesellschaft, Medizin, Psychologie und Gesundheitsberufen, Technik und Naturwissenschaften. Von renommierten Autoren der Verlagsmarken Springer Gabler, Springer VS, Springer Medizin, Springer Spektrum, Springer Vieweg und Springer Psychologie.

Weitere Bände in dieser Reihe
http://www.springer.com/series/13088

Torsten Werth

Investitionsstrategien für Mittelspannungskabel

Zuverlässigkeit und Wirtschaftlichkeit von Investitionen und Netzautomatisierung

Torsten Werth
Hungen
Deutschland

ISSN 2197-6708 ISSN 2197-6716 (electronic)
ISBN 978-3-658-07667-2 ISBN 978-3-658-07668-9 (eBook)
DOI 10.1007/978-3-658-07668-9

Die Deutsche Nationalbibliothek verzeichnet diese Publikation in der Deutschen Nationalbibliografie; detaillierte bibliografische Daten sind im Internet über http://dnb.d-nb.de abrufbar.

Springer Vieweg

Gedruckt auf säurefreiem und chlorfrei gebleichtem Papier

Springer Vieweg ist eine Marke von Springer DE. Springer DE ist Teil der Fachverlagsgruppe Springer Science+Business Media
www.springer-vieweg.de

Was Sie in diesem Essential finden können...

- Eine Einführung in die Zuverlässigkeit von Energieverteilnetzen
- Einen praxisorientierten Leitfaden zur Simulation des Alterungsverhaltens von Netzen
- Vereinfachte Verfahren für ein kostenoptimierte Assetmanagement
- Methoden zur Risikobewertung von Investitionsstrategien
- Die Bedeutung der Automatisierung von Ortsnetzstationen

Vorwort

VII

Der vorliegende Text fasst die Methodik und die Ergebnisse des Projektes „Risiko-orientierte Erneuerungsstrategien von Mittelspannungskabeln" zusammen, das in Zusammenarbeit mit Herrn Prof. Dr.-Ing. Ramzi Dib von der Technischen Hochschule Mittelhessen (Campus Friedberg) im Mai 2014 durchgeführt wurde.

Inhaltsverzeichnis

Über den Autor

Dipl.-Ing. (FH) Torsten Werth absolvierte 2004 sein Studium der Elektrischen Energie- und Umwelttechnik an der Fachhochschule Dortmund auf dem Gebiet von netzgeführten Photovoltaikwechselrichtern. Anschließend war er unter anderem als Projektleiter in der Entwicklung neuer Mittelspannungsprodukte tätig, bevor er 2012 in die Grundsatzplanung und das strategische Asset-Management eines mittelgroßen Verteilnetzbetreibers wechselte.

Projektbeschreibung 1

1.1 Ausgangssituation und Problemstellung

Betreiber von Stromverteilnetzen stehen in besonderer gesellschaftlicher Verantwortung. Elektrische Energie ist durch ihre Eigenschaften bedingt von herausragender Bedeutung [1]. Bei der Verteilung von elektrischer Energie bedarf es in der Planung von äußerster Sorgfalt, da die Energiewirtschaft durch eine vergleichsweise hohe Bindung von Kapital gekennzeichnet ist [2].

Für das deutsche Energieverteilungsnetz ist zu erwarten, dass in Deutschland in den nächsten Jahren ein großer Teil von Betriebsmitteln, die in den 1960er und 1970er Jahren errichtet wurden, das Ende seiner geplanten oder möglichen Nutzungsdauer erreichen wird [3]. Alle Betriebsmittel nach einer einheitlichen Dauer ihrer Nutzung zu erneuern, würde bedeuten, dass jedes Jahr die Höhe der notwendigen Erneuerungsinvestitionen und der damit zusammenhängende personelle Bedarf in der Planung und in der Umsetzung den Extrema der Betriebsmittelalter folgen müsste. Um diesen Effekten entgegenwirken zu können, bedarf es einer bewussten und überlegten Strategie. Da Personal und Mittel für Investitionen begrenzt sind, müssen bei einer Strategie folgende Kriterien Berücksichtigung finden:

- Welche Mittel stehen für Erneuerungen zur Verfügung?
- Wieviel Investitionsvorhaben können mit dem vorhandenen oder einem konstanten Personalbestand umgesetzt werden?
- Wie werden Erneuerungsvorhaben in ihrer Reihenfolge priorisiert?

© Springer Fachmedien Wiesbaden 2014
T. Werth, *Investitionsstrategien für Mittelspannungskabel,* essentials,
DOI 10.1007/978-3-658-07668-9_1

- Wie wirken sich die Priorisierung und die Erneuerungsstrategien auf die Zuverlässigkeit aus?
- Welche wirtschaftlichen Auswirkungen hat die Zuverlässigkeit eines Verteilungsnetzes?

Zur Bewertung einer Investitionsstrategie, die der Berücksichtigung der genannten Kriterien gerecht werden kann, sind Prognosen über die zukünftige Entwicklung der Zuverlässigkeit erforderlich. Die Prognosen der Zuverlässigkeit müssen unter Berücksichtigung der je nach Strategie erforderlichen Investitionen wirtschaftlich bewertet werden.

Besonders Mittelspannungsnetze sind für die Energieversorgung von besonderer Bedeutung, da Ausfälle der Mittelspannung deutlich mehr Verbraucher betreffen als in der Niederspannung, der zur Störungsbeseitigung zur Verfügung stehende Automatisierungsgrad jedoch geringer ist als in der Hochspannung [4]. Im Gegensatz zu vielen anderen Betriebsmitteln ist eine Zustandsbewertung ohne technische Diagnoseverfahren bei Kabeln nicht möglich. Technische Diagnoseverfahren können Aufschluss über den aktuellen Zustand eines Kabels geben. Für eine Strategieentwicklung über zehn Jahre oder länger ist jedoch der Aufwand für die Zustandsbewertung sämtlicher Kabel, die ein dem Ende ihrer zu erwartenden Lebensdauer entsprechendes Alter erreicht haben oder mittelfristig erreichen werden, nicht vertretbar.

Eine besondere Herausforderung besteht natürlich darin, dass zur Strategiefindung eine Simulation über ein gesamtes, dem realen Netz entsprechendes Modell nicht zielführend wäre.

1.2 Zielsetzung

Die hier vorgestellten Untersuchungen und Methoden vergleichen unterschiedliche Strategien und bewerten diese. Es ist nicht der Anspruch, eine auf alle Netze übertragbare Strategie zu erarbeiten. Vielmehr wird das Ziel verfolgt, am Beispiel von Mittelspannungskabeln auf die Fragen einzugehen,

- wie die Zuverlässigkeitsberechnung als Werkzeug zur Simulation risikoorientierter Investitionsstrategien eingesetzt werden kann,
- wie die Simulationsergebnisse wirtschaftlich bewertet werden können,
- welche unterschiedlichen Ansätze zur Strategiefindung gewählt werden können,

- wie sich die Strategien auf die Zuverlässigkeit eines Netzes generell auswirken und
- welchen Einfluss eine Erhöhung des Automatisierungsgrades in der Mittelspannung als Alternative oder Ergänzung zur Ersatzinvestition haben kann.

Es sei an dieser Stelle deutlich darauf hingewiesen, dass eine Strategie nicht dem einzelnen konkreten Betriebsmittel dient, sondern eine allgemeine Richtung für das Netz in seiner Ganzheit vorgibt. Dadurch kann der Verteilnetzbetreiber einen Ausblick auf die gesamte Entwicklung der Zuverlässigkeit geben und seine Entscheidungen beurteilen, selbstverständlich mit dem Wissen, dass Einzelfälle unvermeidbar sind, in denen durch äußere Einflüsse von der Strategie abgewichen werden kann.

1.3 Methode

Der erste wesentliche Fokus besteht darin, Zuverlässigkeitsberechnungen mit der Netzberechnungssoftware durchzuführen. Dazu wird ein Mittelspannungskabelring als Netzmodell untersucht, der in unterschiedliche Strecken durch Ortsnetzstationen – dargestellt als Sammelschiene – unterteilt wird. Jede dieser Teilstrecken besitzt eine unterschiedliche Länge und typ- und altersbedingte Störungsrate.

Das Simulationsmodell überträgt somit den Gesamtzustand eines gesamten Kabelnetzes auf einen einzelnen Kabelring. Dadurch soll eine Strategiefindung ermöglicht werden, die die unterschiedlichen Anteile von Alter und Typen sämtlicher Kabel berücksichtigt und mit vertretbarem Aufwand durchführbar ist.

Um die einzelnen Strategien zu simulieren, wird je nach Strategie in jedem Betrachtungsjahr die alters- und typbedingte Störungsrate der Teilstrecke im Netzmodell angepasst, abhängig davon, ob in der simulierten Strategie in dem Betrachtungsjahr das Kabel erneuert werden würde oder nicht. Anschließend wird eine Zuverlässigkeitsberechnung durchgeführt. Die Zuverlässigkeitsberechnung liefert unter anderem die Störungshäufigkeit und die nicht gelieferte Energie als Ergebnisse.

Daran schließt sich die wirtschaftliche Bewertung der Strategien. Zu jeder Strategie wird der sich ergebende Investitionsbedarf ermittelt. Zusätzlich werden die Ergebnisse aus den Zuverlässigkeitsberechnungen wirtschaftlich bewertet. Es werden für jedes Betrachtungsjahr die Folgekosten der aus der durchgeführten Berechnung zu erwartenden Störungen erfasst und bewertet und die nicht gelieferte Energie monetär bewertet.

1.4 Untersuchte Strategien

Jede Strategie wird über einen Betrachtungszeitraum von zehn Jahren untersucht. Grundsätzlich lassen sich Strategien in solche mit festgelegten Erneuerungszyklen und jene mit gleichbleibendem Investitionsbudget unterscheiden.

Es werden die drei Strategien mit festen Erneuerungszyklen

- nach 40 Jahren,
- nach 50 Jahren,
- abhängig vom Kabeltyp nach 36 bzw. 60 Jahren,

sowie die drei Strategien mit gleichbleibenden Investitionsvolumen

- alle zwei Jahre Erneuerung des ältesten Kabels,
- alle zwei Jahre Erneuerung des Kabels mit der höchsten Störungsrate und
- alle drei Jahre Erneuerung des Kabels mit der höchsten Störungsrate

untersucht.

Die Strategie, bei der im gesamten Betrachtungszeitraum kein Kabel erneuert wird – die so genannte 0-Strategie –, wird hier im Wesentlichen als Vergleich dienen, um die Auswirkungen der einzelnen Strategien besser erkennen zu können.

Jede Strategie wird in vier Varianten untersucht. Bei der Grundvariante bleibt das Netzmodell unverändert mit der offenen Trennstelle in der Mitte des Kabelringes. Zusätzlich wird untersucht, ob im jeweiligen Betrachtungsjahr die Zuverlässigkeit durch ein Verlegen der Trennstelle verbessert werden kann. Der Einfluss der Netzautomatisierung durch ferngesteuerte Schalter in den Ortsnetzstationen wird in zwei Varianten untersucht. In der ersten dieser beiden Varianten wird die Automatisierung der offenen Trennstelle der Basisvariante untersucht und in der zweiten Variante der Einsatz von Fernsteuerungen an zwei weiteren Ortsnetzstationen.

Zuverlässigkeit in der Netzplanung

2.1 Planung von Mittelspannungsverteilungsnetzen

Abhängig von der Spannungsebene und dem zeitlichen Planungshorizont kann die Netzplanung in die Projekt-, die Netzausbau- und die Grundsatzplanung unterteilt werden [2]. In der Planung wird dabei das Ziel verfolgt, für den betrachteten Planungszeitraum die Verbraucher unter Einhaltung einer definierten Zuverlässigkeit mit Energie zu versorgen.

Die Zielerreichung kann in der Planung durch

- die Festlegung der Netzkonfiguration (z. B. Strahlen-, Ring- oder Maschennetz),
- die Auswahl der Betriebsmittel (z. B. Kabel oder Freileitung),
- die Betriebsweise des Netzes,
- die Sternpunktbehandlung und
- die Qualifikation der Mitarbeiter

beeinflusst werden [2]. Zuverlässigkeit ist seltener Ergebnis, sondern vielmehr eine Vorgabe in der Netzplanung. Dabei wird die Zuverlässigkeit über die hinnehmbare Unterbrechungsdauer definiert [5]. Die hinnehmbare Unterbrechungsdauer als Zielgröße ist keine allgemeine, auf alle Netzbetreiber und alle Netzgebiete übertragbare technische Größe, sondern individuell unter Berücksichtigung der Kundenbedürfnisse festzulegen [2]. Bei der klassischen Netzplanung werden die zu erwartenden Unterbrechungsdauern nicht ermittelt oder bewertet. Die Zuverlässigkeit findet durch das (n−1)-Prinzip Beachtung. Dabei wird durch Netzbe-

© Springer Fachmedien Wiesbaden 2014
T. Werth, *Investitionsstrategien für Mittelspannungskabel,* essentials,
DOI 10.1007/978-3-658-07668-9_2

rechnung sichergestellt, dass bei einem Ausfall eines einzelnen Betriebmittels die weiterhin sich im Betrieb befindlichen Betriebsmittel dessen Aufgabe übernehmen können, ohne dabei definierte Belastungsgrenzen zu verletzen.

Diese klassischen Grundsätze lassen Rückschlüsse über die dabei getroffenen Annahmen zu. So kann sich das praktizierte (n−1)-Prinzip nur bewähren, wenn jedem Betriebsmittel eine so hohe Zuverlässigkeit unterstellt wird, dass der gleichzeitige Ausfall von mehreren Betriebsmitteln als sehr unwahrscheinleich eingeschätzt wird. Desweiteren können diese Grundsätze natürlich auch nur dann gelten, wenn zu erwarten ist, dass die tatsächlich eintretenden Unterbrechungsdauern hinnehmbare Grenzen nicht überschreiten werden.

Dies bedeutet jedoch natürlich auch, dass eine idealisierte Planung, bei der einzelne Optionen in ihrer Auswirkung auf die Unterbrechungsdauer nicht zu bestimmen sind, nicht möglich ist. So können natürlich auch deutlich geringere Unterbrechungsdauern eintreten, als hinnehmbar wären. Dadurch steht nicht nur ein gewisses Optimierungspotenzial nicht zur Verfügung, sondern führt auch zu einer Unsicherheit, die einen Netzbetreiber dazu zwingt, ein Betriebsmittel nach einem bestimmten Alter zu erneuern, auch wenn dieses nur einen geringen Einfluss auf die Zuverlässigkeit hat. Umgekehrt kann durch diese Vorgehensweise nicht die Frage beantwortet werden, welche Maßnahmen zur Reduzierung der Unterbrechungsdauern technisch und wirtschaftlich die günstigste wäre.

2.2 Die Zuverlässigkeit als Kenngröße von Stromverteilnetzen

Die Zuverlässigkeitssystemtheorie existiert bereits seit den 1940er-Jahren. Da das Versagen des einzelnen Betriebsmittels nicht vorhersagbar ist, basiert die Zuverlässigkeitsbewertung auf einem statistischen und wahrscheinlichkeitstheoretischem Systemdenken [6]. Die Zustandsenumeration und die Monte-Carlo-Simulation sind die für die Energietechnik wesentlichen Berechnungsverfahren für die Zuverlässigkeit [7]. Während das (n−1)-Prinzip, welches als spezieller Fall im Rahmen der Lastflussberechnung überprüft werden kann, qualitativ einzuordnen ist, können durch die Zuverlässigkeitsberechnung auch quantitative Kenngrößen eines Netzes bestimmt werden. Neben der

- Unterbrechungshäufigkeit in 1/Jahr,
- der Unterbrechungswahrscheinlichkeit in Zeiteinheit/Jahr und
- der Unterbrechungsdauer

können durch die Zuverlässigkeitsberechnung auch

- die nicht zeitgerecht gelieferte Energie in kWh/Jahr oder MWh/Jahr

für einzelne Lastknoten bestimmt werden [7].

Die Einhaltung von Maximalwerten der Nichtverfügbarkeit gewinnt durch die Regulierung zunehmend an Bedeutung. Diese wird in die auf den einzelnen Kunden bezogenen Kenngrößen **SAIFI** (*S*ystem *A*verage *I*nterruption *F*requenzy *I*ndex) als mittlere Unterbrechungshäufigkeit je angeschlossenen Kunden und **SAIDI** (*S*ystem *A*verage *I*nterruption *D*uration) als mittlere Unterbrechungswahrscheinlichkeit je angeschlossenen Kunden gemessen [7].

2.3   Rechtliche Bedeutung der Zuverlässigkeit von Stromverteilnetzen

Speziell die Zuverlässigkeit von Stromverteilnetzen ist in der deutschen Gesetzgebung verankert. Ziel des deutschen Gesetzes über die Elektrizitäts- und Gasversorgung (Energiewirtschaftsgesetz – EnWG) ist eine „**möglichst sichere, preisgünstige, verbraucherfreundliche, effiziente und umweltverträgliche leitungsgebundene Versorgung der Allgemeinheit mit Elektrizität und Gas**" [8].

Durch Zu- oder Abschläge auf die Erlösobergrenze, die vorgenommen werden können, „**wenn Netzbetreiber hinsichtlich der Netzzuverlässigkeit oder der Netzleistungsfähigkeit von Kennzahlenvorgaben abweichen**", [9] kann die Zuverlässigkeit Einfluss auf den wirtschaftlichen Erfolg eines Netzbetreibers nehmen.

Daneben können Stromnetzbetreiber für Sach- und Vermögensschäden haftbar gemacht werden, wenn ein Verschulden des Unternehmers vorausgesetzt wird [10].

Nach aktueller Rechtsprechung kann der Ausfall oder das Versagen von Betriebsmitteln auch nach weniger spezifischen Gesetzen für Stromnetzbetreiber von Bedeutung sein. Am 25.2.2014 hat unter Aktenzeichen VI ZR 144/13 der Bundesgerichtshof entschieden, dass ein Stromnetzbetreiber für Schäden an Elektrogeräten, die durch Überspannungen entstehen, verschuldensunabhängig haftet gem. § 1 Abs. 1 ProdHaftG. Durch die Transformation auf eine andere Spannungsebene verändere der Stromnetzbetreiber das Produkt Elektrizität in wesentlicher Art und Weise. Ursache für die Überspannung in dem vom BGH entschiedenen Fall war die Unterbrechung von zwei PEN-Leitern [11]. Dieses Urteil zeigt, welche rechtlichen Konsequenzen der Ausfall von Betriebsmitteln für Stromnetzbetreiber haben kann. Wie weit diese Entscheidung auch übertragbar auf Schäden ist, die auf eine Versorgungsunterbrechung zurückzuführen sind, geht aus dem Urteil nicht hervor. Gem. § 1 Abs. 1 ProdHaftG haftet der Hersteller auch für Sachschäden, die durch den Fehler seines Produktes entstehen [12].

2.4 Wirtschaftliche Bedeutung der Zuverlässigkeit

Aus wirtschaftlicher und gesellschaftlicher Sicht sind die Anforderungen an die Versorgung mit Elektrizität besonders hoch. So wird in Industrieländern die Verfügbarkeit von elektrischer Energie für die Notwendigkeit und Annehmlichkeiten des täglichen Lebens von den Menschen als selbstverständlich empfunden [1]. Gleichzeigtig sind Industrien, Länder und Region in ihrer Entwicklung abhängig von einer preisgünstigen und zuverlässigen Bereitstellung elektrischer Energie [2].

In [13] und [14] wird der Zusammenhang zwischen der Zuverlässigkeit eines technischen Systems (dargestellt als MTBF: *M*ean *T*ime *B*etween *F*ailures = Mittlere Betriebsdauer zwischen Ausfällen) und dessen Anschaffungs- und Instandhaltungskosten ausführlich beschrieben. So wachsen mit einer höheren Betriebsdauer zwischen zwei Ausfällen die erforderlichen Investitionen und Instandhaltungskosten überproportional. Gleichzeitig sinken mit zunehmender Betriebsdauer zwischen Ausfällen die durch Ausfälle bedingten Kosten. Diese Zusammenhänge lassen sich auch, wie folgt, auch auf einen Mittelspannungakabelring übertragen. So ist zu erwarten, dass die Auswahl der Betriebsmittel in ihrer Ausführung und Qualität mit wachsenden Anforderungen eine höhere Zuverlässigkeit erwarten lassen, jedoch auch mit höheren Investitionen verbunden sind. So sind beispielsweise Kabel mit höheren Investitionskosten verbunden als Freileitungen, jedoch weniger von Ausfällen durch Gewitter betroffen. Dem gegenüber stehen die mit jedem Ausfall einhergehenden Folgekosten. Diese Kosten übertragen Verteilnetzbetreiber in Form der Netzentgelte auf die Verbraucher. Somit steht der Verteilnetzbetreiber zum einen in besonderer Verantwortung, auch im Interesse der Wirtschaft und der Gesellschaft die richtige Abwägung zwischen hoher Verfügbarkeit und niedrigen Gesamtkosten zu treffen, und zum anderen vor der notwendigen Herausforderung, die Zuverlässigkeit und die Gesamtkosten zu quantifizieren – als Grundvoraussetzung für eine Optimierung. Vereinfacht lässt sich dies in der Planungsprämisse

> Zuverlässigkeit so hoch wie notwendig, Auslegung und Betreib so ökonomisch wie möglich

verdeutlichen [2]. Unter Beachtung der Gegebenheiten, dass ein Mittelspannungsnetz aus unterschiedlichen Betriebsmitteln unterschiedlichsten Alters besteht und sich deren spezifischen Zuverlässigkeiten in unterschiedlicher Weise mit zunehmenden Alter verändern, ist das Optimum zeitlich nicht zwangsläufig als konstant anzusehen. Daher muss eine Strategie das Ziel verfolgen, über die Dauer ihrer Anwendung ein Optimum zu finden.

Aus den oben beschriebenen, nicht proportionalen Zusammenhängen lässt sich auch schon ohne durchgeführte Berechnungen die These ableiten, dass ein Betreiber eines hoch zuverlässigen Verteilnetzes bei einer spürbaren Einsparung seiner Kosten für Investitionen und Instandhaltung weniger spürbare Mehrkosten als Folgekosten und eine weniger spürbare Zunahme der Nichtverfügbarkeit zu erwarten hätte. Umgekehrt wäre zu erwarten, dass ein Betreiber eines sehr unzuverlässigen Verteilnetzes durch die Auswahl der richtigen Maßnahmen mit wenigen Mehrkosten eine spürbare Absenkungen der Nichtverfügbarkeit bewirken kann. Ein Vergleich der Nichtverfügbarkeit und der Netzentgelte mit anderen Netzbetreibern oder dem Bundesdurchschnitt kann erste Hinweise geben, ob das Optimum bei einer höheren oder geringen Verfügbarkeit zu erwarten ist.

Beschreibung des Netzmodells für die Zuverlässigkeitsberechnung 3

3.1 Alterungsmodelle

Eine der bekanntesten Darstellungen zur Beschreibung des Alterungsverhaltens von Komponenten ist die „Badewannenkurve". Sie beschreibt die Ausfallrate einer Komponente in Abhängigkeit von der Zeit. Der Verlauf der Ausfallrate kann entweder in Lebensdauerversuchen oder aus Feldbeobachtungen ermittelt werden [6]. Am Beispiel der Badewannenkurve lässt sich der zeitliche Verlauf des Ausfallverhaltens technischer Komponenten erläutern. Grundsätzlich können drei Bereiche unterschieden werden. Der erste Bereich beschreibt den abfallenden Bereich der Früh- bzw. Anfangsausfälle. In diesem Bereich machen sich Qualitätsschwankungen, Materialfehler oder auch Montagefehler bemerkbar, die oft auch als „Kinderkrankheiten" bezeichnet werden. Dieser Bereich geht dann in den Bereich mit konstanter Ausfallrate über. Die Zeit mit konstanter Ausfallrate ist die nützliche Lebensdauer. Sie ist im Idealfall die deutlich längste Phase, die danach in den erneut ansteigenden Bereich der Verschleißausfälle übergeht. Der Verlauf der Badewannenkurve kann durch die Weibullverteilung beschrieben werden [6]. Die Dauer der einzelnen Bereiche variiert in der Praxis deutlich. Auch können Komponenten einen anderen Verlauf einnehmen. So ist die Alterung von Kabeln mit einer Isolierung aus vernetztem Polyethylen (VPE) nicht mit der von Kabeln mit Papier-Öl-Isolierungen (Masse oder Papiermasse) zu vergleichen [15]. Bei Kabeln zeigt sich die Alterung durch eine Minderung der dielektrischen Eigenschaften. So können altersbedingte Ausfälle von Mittelspannungskabeln durch elektrische oder thermische Durchschläge stattfinden, die verschiedene Ursachen haben können [15].

© Springer Fachmedien Wiesbaden 2014

T. Werth, *Investitionsstrategien für Mittelspannungskabel,* essentials,
DOI 10.1007/978-3-658-07668-9_3

3.2 Alterung von Kabeln

Bei Massekabeln können Temperatur- und Lastwechsel zur Bildung von Hohlräumen beitragen [15]. Teilentladungen durch vorhandene oder neu entstandene Fehlstellen können zu Erosionsdurchschlägen führen. Teilweise besitzen Massekabel selbstheilende Eigenschaften, da auf Grund der niedrigen Viskosität Kanäle von Durchschlägen wieder geschlossen werden können.

Thermische Hohlraumbildung oder thermische Alterung gibt es bei VPE-Kabeln nicht. Bei Polyethylenkabeln können „water-trees" entstehen, die zu einem elektrochemischen Durchschlag führen können, wenn es in der Kombination mit Feuchtigkeit zu Teilentladungen kommt. So kann die Länge der water-trees als Alterungsindikator gesehen werden [15].

3.3 Altersabhängige Störungsmodelle

Für die zur Strategiefindung erforderlichen Prognosen zur Zuverlässigkeit müssen Annahmen zum Alterungsverhalten getroffen werden. Die ermittelten Werte aus [3] stützen sich auf Beobachtungen. Für die zukünftigen Werte müssen für den gewählten Betrachtungszeitraum die Werte der Störungsrate errechnet werden können, um auch den Einfluss von älteren Kabeln, zu denen noch keine Beobachtungswerte vorliegen, berücksichtigen zu können. Nach [7] kann generell ein Ausfallratenmodell durch eine polynomische Funktion beschrieben werden. Da VPE-Kabel und Papiermassekabel, wie oben beschrieben, unterschiedlich altern und deshalb eine der Weibullverteilung folgende Badewannenkurve nicht angenommen werden kann, scheint ein generelles Modell als zielführend. Dazu werden vorliegende Werte aus [3] als Stützstellen verwendet, um die Koeffizienten einer Funktion zweiten Grades nach der Methode der kleinsten Fehlerquadrate [17] zu bestimmen. Mit Hilfe der ermittelten Funktionen lässt sich nun für jedes beliebige Alter die Störungsrate eines Kabels ermitteln. Abb. 3.1 und 3.2 zeigen die ermittelten Verläufe und die verwendeten Stützstellen aus [3] zur Kontrolle.

Wie oben bereits beschrieben unterscheiden sich die Verläufe deutlich von einander und von der bekannten Badewannenkurve. Auffällig ist der mit dem Alter flacher werdende Verlauf der Papiermassekabel.

3.4 Repräsentatives Netzmodell

Für die durchzuführenden Berechnungen wird ein einfaches und übersichtliches Modellnetz gewählt, um den Aufwand für die Erstellung und für die Simulation von Strategien gering zu halten. Dazu wird ein 10 km langer Kabelring an einer

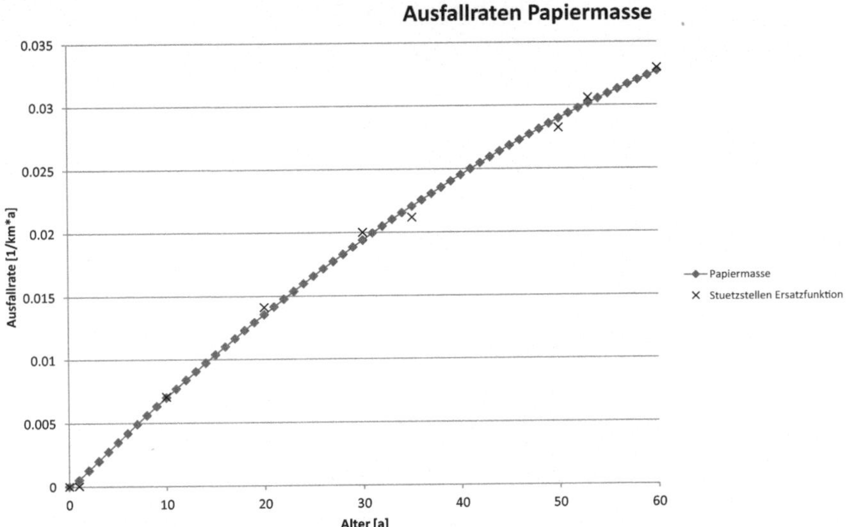

Abb. 3.1 Ausfallratenmodell für Papiermassekabel

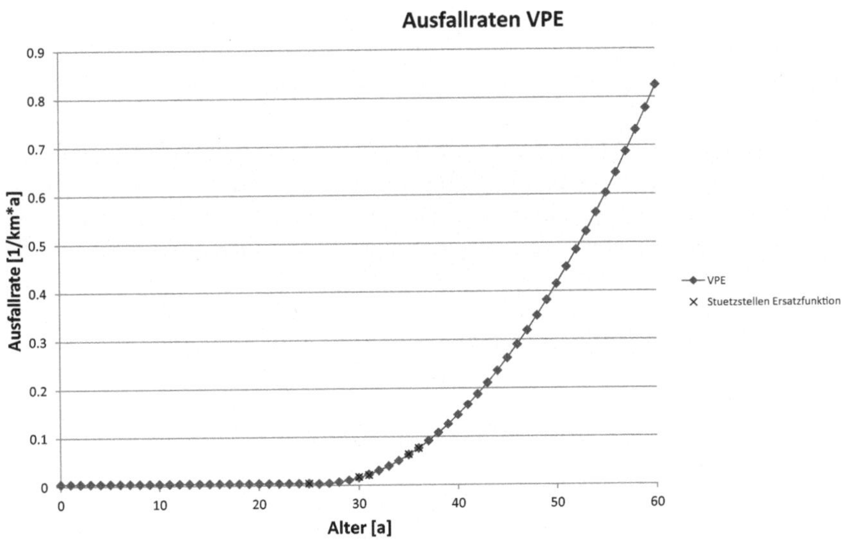

Abb. 3.2 Ausfallratenmodell für VPE-Kabel

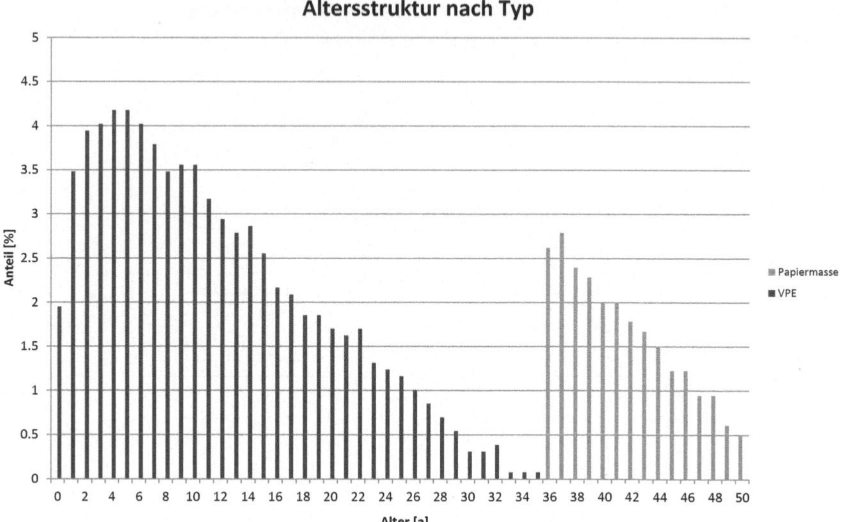

Abb. 3.3 Altersstruktur des Modellnetzes

Hauptsammelschiene aufgebaut. Der Kabelring wird in Teilstrecken gegliedert, zwischen denen sich jeweils eine Sammelschiene mit Trennmöglichkeit befindet. Diese Sammelschienen stehen jeweils für eine Ortsnetzstation mit zwei Schaltmöglichkeiten innerhalb des Kabelringes. Das Netz wird als Ringnetz mit offener Trennstelle betrieben.

Bei Ringnetzen entstehen durch die offene Trennstelle zwei Halbringe, die auch als Strahlen anzusehen sind. Bei einem Fehler in einem der beiden Strahlen kann der Fehler durch Verlegen der Trennstelle herausgetrennt werden [5]. Nach dem Heraustrennen der fehlerbehafteten Stelle und Schließen der offenen Trennstelle können wieder alle Stationen versorgt werden. Die aus [3] zu entnehmenden Daten über die vorhandenen Längen von Kabeltypen verschiedenen Alters werden in prozentuale Anteile umgerechnet (vgl. Abb. 3.3).

Diese Anteile werden nun auf den 10 km langen Kabelring übertragen. Für das Netzmodell werden kleinere Anteile eines Alters mit anderen Anteilen zu realistischen Streckenlängen zwischen 0,125 km bis 1 km zusammengefasst und für jeden ermittelten Anteil ein gewichtetes Durchschnittsalter gebildet (vgl. Abb. 3.4 und 3.5).

Jede Teilstrecke endet im Netzmodell an einer mit Trennstelle versehenen Sammelschiene, an die eine Last, deren Leistung in MW der Länge der Teilstrecke in MW entspricht, angeschlossen ist. So versorgt der Kabelring Lasten von insgesamt 10 MW.

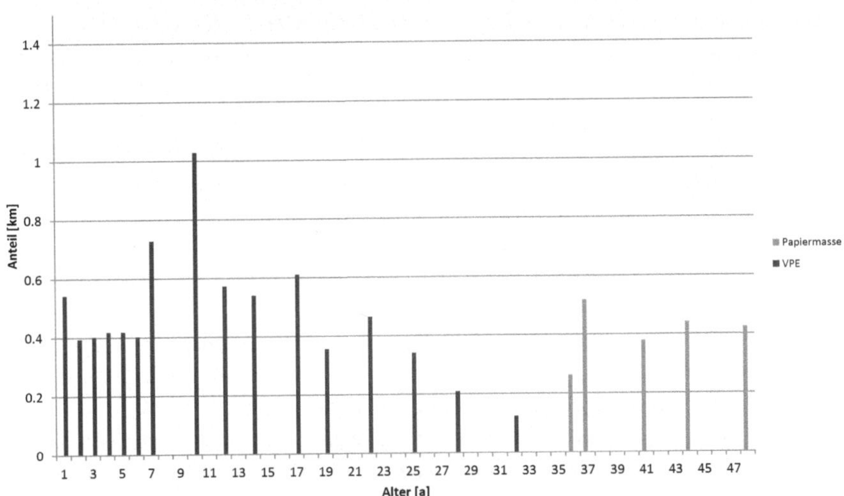

Abb. 3.4 Streckenlängen nach Alter und Typ

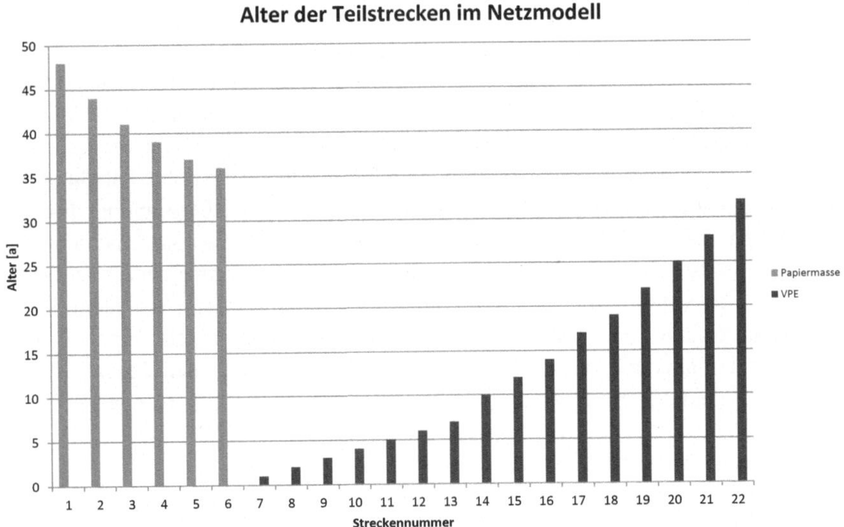

Abb. 3.5 Alter und Typ der Kabelstrecken

Das Netz soll als offener Ring betrieben werden. Die offene Trennstelle befindet sich in der Basisvariante in der Mitte der Strecke. In der Variante mit einer ferngesteuerten Trennstelle wird die gleiche Station als solche eingestellt und simulierte eine intelligente Ortsnetzstation – iONS. In der Variante mit drei ferngesteuerten Trennstellen werden zusätzlich jeweils die Ortsnetzstationen, die über einer gesamten Kabellänge von 2,5 km – einem Viertel der gesamten Kabelstrecke – an die Hauptsammelschiene angeschlossen sind, als ferngesteuert angenommen.

3.5 Tutorial: Aufbau und Parametrierung des Netzmodells

Die Beschreibung zum Aufbau des Netzmodells soll sich auf die für die Zuverlässigkeitsberechnung relevanten Vorbereitungen begrenzen, um die Ergebnisse der Berechnungen nachvollziehbar und vergleichbar zu gestalten.

Die Netzeinspeisung ist direkt mit der Hauptsammelschiene verbunden. Dabei kann es sich z. B. um eine Sammelschiene in einem Umspannwerk handeln. Für die Zuverlässigkeitsberechnung von Bedeutung sind deshalb die im Dialogfeld der Sammelschiene vorzunehmenden Einstellungen einer idealen Sammelschiene mit Leistungsschalter und Trennschalter für die Schaltfeldkonfiguration. Die Ortsnetzstationen zwischen den Kabelstrecken werden auch als Knoten vom Typ Sammelschiene dargestellt. Diese werden auch als ideal angenommen, jedoch im Vergleich zur versorgenden Hauptsammelschiene des Kabelringes wird in der Schaltfeldkonfiguration kein Leistungsschalter angenommen. Je nach simulierter Variante kann die Schaltfeldkonfiguration im Dialogfenster als fernbedient eingestellt werden. In den Parametern für die Zuverlässigkeitsanalyse werden die Zeiten für die automatische Umschaltmaßnahme mit 3 min und für eine manuelle Schalthandlung mit 45 min angenommen. Dies bedeutet: Für die Zuverlässigkeitsberechnung wird angenommen, dass im Falle eines Kabelfehlers zunächst der Leistungsschalter an der Hauptsammelschiene den Fehler abschaltet und die Versorgung unterbricht. Die Dauer, bis die vom Fehler betroffene Kabelstrecke herausgetrennt ist, hängt davon ab, ob die offene Trennstelle oder weitere Trennstellen in 45 min manuell oder ferngesteuert innerhalb von nur 3 min umgeschaltet werden können. Jeder im Netzmodell vorhandenen Kabelstrecke werden die elektrischen Kenndaten aus [18]

- Ohmscher Widerstandsbelag,
- induktiver Belag und
- kapazitiver Belag

zugewiesen.

Für die Zuverlässigkeitsberechnung ist es wichtig, dass unter den Parametern die Leitung als schaltbares Kabel gekennzeichnet wird. Für die verschiedenen Kabeltypen werden je nach Alter Zuverlässigkeitsdatentypen erstellt:

Für die Papiermassekabel wird aus [3] eine Ausfalldauer von 19 h übernommen. Die Ausfallrate wird entsprechend den errechneten altersbedingten Ausfallraten für Papiermassekabel angenommen.

Für die VPE-Kabel wird aus [3] einheitlich die Unterbrechungsdauer 7,9 h übernommen und je nach Alter die im ermittelten Ausfallratenmodell errechnete Ausfallrate vorgegeben.

Für das Ausgangsnetzmodell wird zunächst jeder der 22 Kabelstrecken im Dialogfenster im Register Zuverlässigkeit entsprechend ihres Typs und ihres Alters ein Zuverlässigkeitsdatentyp zugewiesen. Je nach Strategie werden im jeweiligen Betrachtungsjahr abhängig von der untersuchten Strategie den Kabelstrecken andere Datentypen zugewiesen. Wenn in einer Strategie ein 48 Jahre altes Papiermassekabel nicht erneuert wird, so wird bei diesem der Datentyp **PM48** durch den Datentyp **PM49** ersetzt. Entsprechend würde bei einem 28 Jahre alten VPE-Kabel der Datentyp **VPE28** durch den Datentyp **VPE29** ersetzt werden.

Wenn abhängig von der Strategie ein Kabel im Betrachtungsjahr zu erneuern ist, so wird ihm immer der Zuverlässigkeitsdatentyp **VPEneu** zugewiesen. Analog [19] wird für jedes neue Kabel der Typ **NA2XS2Y**, $3 \times 1 \times 185$ als Standard verwendet. Teil einer Zuverlässigkeitsberechnung ist auch die Überprüfung, ob der Ausfall eines Betriebsmittels zu weiteren Ausfällen durch Überlastung führt. Damit Fehler in der Dimensionierung des Modellnetzes nicht dazu führen, dass sich altersbedingte Ausfälle mit überlastungsbedingten Ausfällen überlagern, werden vor Beginn der Zuverlässigkeitsberechnungen Lastflussberechnungen zur Überprüfung durchgeführt:

In der Lastflussberechnung werden die zwei kritischsten Schaltzustände untersucht. Wenn bei diesen Zuständen alle Grenzwerte der Spannung und der Belastbarkeit der Betriebsmittel eingehalten werden, wird dies auch bei allen anderen Zuständen zutreffen, auch wenn fehlerbedingt durch Schalthandlungen Kabelstrecken herausgetrennt werden.

Das Netzmodell ist dann richtig dimensioniert, wenn weder die thermischen Belastungsgrenzen des Kabels noch der für die Mittelspannung zulässige Spannungsfall von 4 % überschritten werden. Durch die als ideal angenommenen Netzknoten für die Hauptsammelschiene und Ortsnetzstationen, die als Ideal angenommene Netzeinspeisung und die zur Überprüfung durchgeführten Berechnungen des Leistungsflusses können die Ergebnisse aus den Zuverlässigkeitsberechnungen als „Messwert" für die Erneuerungsstrategien der Mittelspannungskabel verwendet werden. Die Zuverlässigkeitsberechnung bestimmt für jeden Netzknoten die Kennwerte.

Für die Bewertung der Strategien werden an der Netzeinspeisung die Kennwerte H für die Störungshäufigkeit und W für die nichtgelieferte Energie erfasst. An der Netzeinspeisung summieren sich die Störungen und die nicht gelieferte Energie der restlichen Netzknoten. Grundsätzlich können jedoch alle anderen Ergebnisse zur Bewertung herangezogen und mitbewertet werden.

Ergebnisse der Zuverlässigkeitsberechnungen

4.1 Vergleich der Strategien

Ein Vergleich der Basisvarianten zeigt, wie unterschiedlich die zeitlichen Verläufe der jährlichen nicht gelieferten Energie von der gewählten Erneuerungsstrategie abhängen (vgl. Abb. 4.1).

Die 0-Strategie zeigt, wie zu erwarten war, natürlich einen stetigen Anstieg der jährlichen nicht gelieferten Energie. Doch selbst bei der 40-Jahres-Strategie, bei der gleich in den ersten Betrachtungsjahren viele alte Papiermassekabel erneuert werden, ist in der zweiten Hälfte des betrachteten Zeitraums ein fast paralleler Anstieg bis zum neunten Betrachtungsjahr erkennbar. Dies lässt sich durch die in Kap. 2 vorgestellten Alterungsmodelle erklären. So sind am Anfang die alten Papiermassekabel dominant, deren Störungsrate mit zunehmendem Alter immer weniger zunehmen. Mit jedem Jahr gewinnen in dieser Hinsicht die VPE-Kabel an Bedeutung, deren Störungsraten im Alter deutlicher zunehmen. Dies lässt sich an der 40-Jahres-Strategie gut erkennen, bei der im Bereich des deutlichen Anstiegs nur noch VPE-Kabel unterschiedlichen Alters im Netz sind. Daher fällt nach dem neunten Jahr die Kurve erneut. Daraus ist ein Hinweis für langfristige Strategien ableitbar, dass mit zunehmendem Anteil von VPE-Kabeln Erneuerungen sich wesentlich deutlicher bemerkbar machen (vgl. Abb. 4.2).

Anpassungen der Trennstelle haben bei allen Strategien Verbesserungen gezeigt. Die Wahl dieser Variante zeigt jedoch vom qualitativen Verlauf keine Veränderungen gegenüber der Basisvariante (vgl. Abb. 4.3).

© Springer Fachmedien Wiesbaden 2014

T. Werth, *Investitionsstrategien für Mittelspannungskabel*, essentials,
DOI 10.1007/978-3-658-07668-9_4

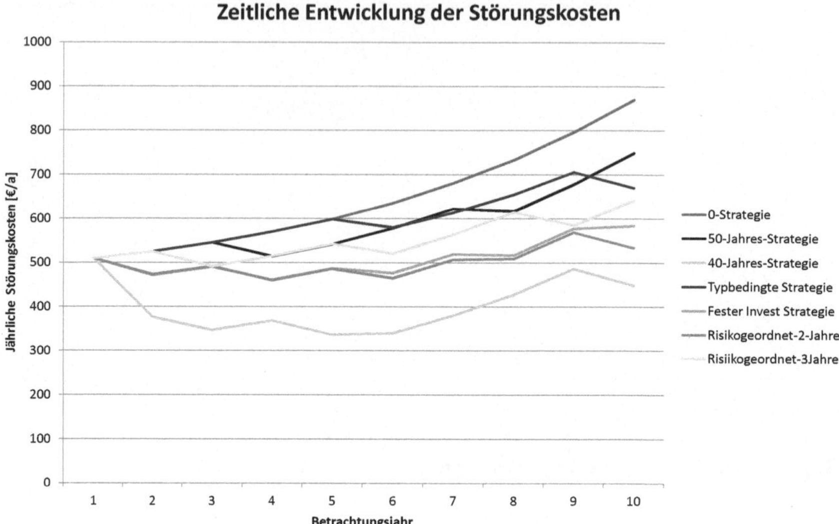

Abb. 4.1 Vergleich der Basisvarianten

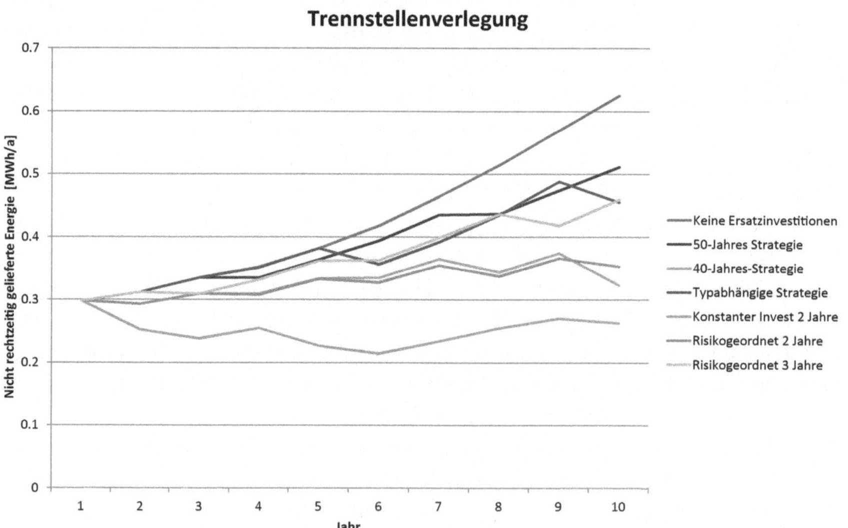

Abb. 4.2 Vergleich der Varianten mit Trennstellenverlegung

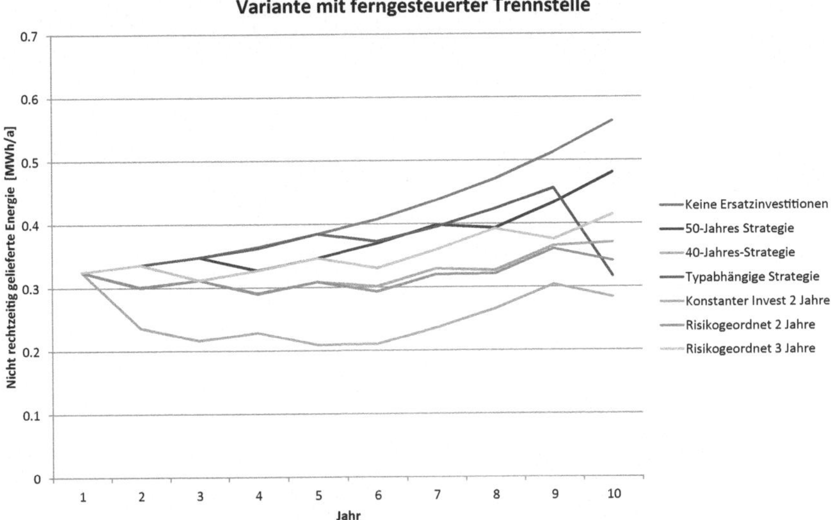

Abb. 4.3 Vergleich der Varianten mit einer automatisierten Ortsnetzstation

Mit zunehmenden Automatisierungsgrad bewegen sich die Verläufe der Erneuerungsstrategien deutlich näher an den Verlauf der 40-Jahres-Strategie (vgl. Abb. 4.4).

Dies hängt natürlich damit zusammen, dass wie bereits beschrieben die Automatisierung von drei Ortsnetzstationen den deutlichsten Unterschied erzielt und die Verringerung der nicht gelieferten Energie auch vom Alterungszustand der Kabel abhängt.

Insgesamt ist jedoch festzustellen, dass der in diesem Kapitel verwendete Begriff der „nicht gelieferten Energie" sich auf die Ergebnisse der Zuverlässigkeitsberechnung bezieht. Die Werte stehen also im Verhältnis zu der im Netzmodell angenommenen Last von 10 MW als Maximalwert. Von 87.600 MWh, die maximal innerhalb eines Jahres geliefert werden könnten, würden bei 10 MW Last in insgesamt 6 min Ausfall des gesamten Netzes 1 MWh nicht geliefert werden. Selbst in der Basisvariante der 0-Strategie werden im zehnten Betrachtungsjahr weniger als 1 MWh Energie nicht geliefert. Auch wenn die Verläufe qualitativ deutliche Veränderungen zeigen, insbesondere bei der Basisvariante der 0-Strategie, so bewegen sich diese durchaus noch auf einem sehr niedrigen Gesamtniveau. Daraus lassen sich zwei wichtige Erkenntnisse gewinnen. Erstens zeigt sich, dass die Wahl eines (n-1)-sicheren Ring-Netzes mit offener Trennstelle schon beste Voraussetzungen für ein zuverlässiges Netz schafft und zweitens bewegt sich die nicht ge-

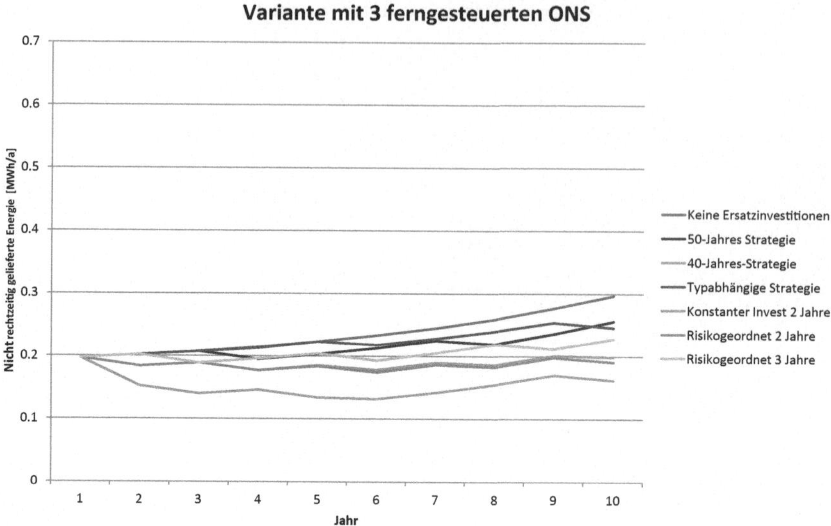

Abb. 4.4 Vergleich der Varianten mit 3 automatisierten Ortsnetzstationen

lieferte Energie in einem sehr geringem Rahmen, obwohl den Berechnungen eine permanente Last von 10 MW zu Grunde lag. Die nicht gelieferte Energie muss also insbesondere bei der wirtschaftlichen Bewertung noch korrigiert werden, da in der Realität die Last zeitlichen Veränderungen unterliegt und im Augenblick eines Ausfalls nur selten dem Maximalwert entspricht.

4.2   Einfluss der automatisierten Ortsnetzstationen

Bei den vorgestellten Ergebnissen der Zuverlässigkeitsberechnungen hat sich gezeigt, dass die Automatisierung von drei Ortsnetzstationen deutlich weniger nicht gelieferte Energie zur Konsequenz hat als bei einer oder keiner Ortsnetzstation. Es werden weitere Berechnungen durchgeführt, um zu prüfen, wie die nicht gelieferte Energie von der Anzahl der automatisierten Ortsnetzstationen abhängt. Dazu werden in den jeweiligen Modellnetzen der Betrachtungsjahre 2, 4, 6, 8 und 10 der 0-, der 40-Jahres- und der 50-Jahres-Strategie Zuverlässigkeitsberechnungen mit fünf, sieben und neun automatisierten Ortsnetzstationen durchgeführt und die jeweilige nichtgelieferte Energie bezogen auf das Ergebnis ohne automatisierte Ortsnetzstation(vgl. Abb. 4.5).

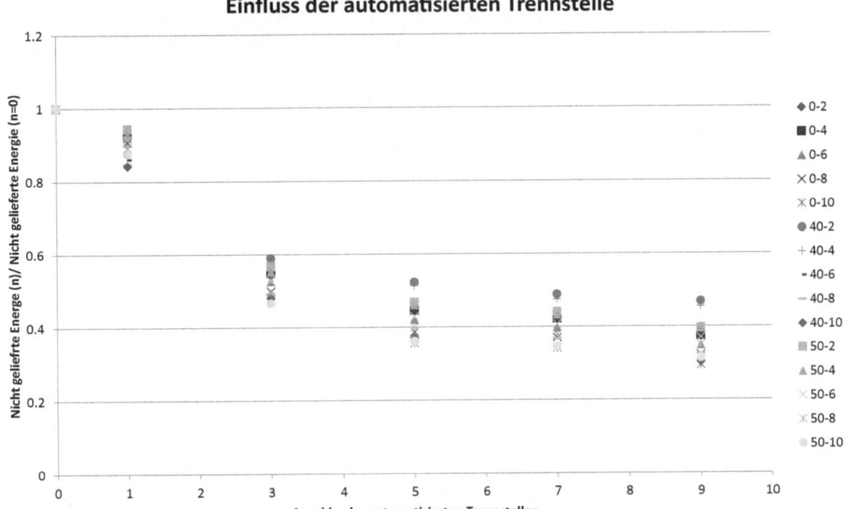

Abb. 4.5 Einfluss automatisierter Trennstelle

Mit zunehmender Anzahl automatisierter Ortsnetzstationen werden die Unterschiede deutlich geringer. Dies lässt sich dadurch erklären, dass natürlich mit jeder weiteren Station die nicht gelieferte Energie weniger wird und bei einer Automatisierung aller Station ein Minimum erreicht. Dem gegenüber ist das Maximum zu erwarten, wenn keine Station automatisiert wird. Mit jeder automatisierten Ortsnetzstation werden die Streckenabschnitte verkürzt, die im Fall einer Störung schneller wieder zugeschaltet werden könnten. Auch sind die Unterschiede davon abhängig, wie viel Energie in einem Jahr nicht geliefert wird, wenn im betroffenen Netz keine Station automatisiert ist. Dies ist natürlich nachvollziehbar unter der Vorstellung zweier Extrema. In einem idealen Kabelnetz, in dem keine Störungen auftreten, sind auch keine Umschaltungen notwendig und die Zeit für eine Umschaltung wäre unerheblich. Kommt es in einem Netz häufig zu Störungen, so wird mit jeder Störung weniger Energie bis zur Umschaltung geliefert. Durch eine schnellere Umschaltung mittels Fernsteuerung lässt sich diese Zeit deutlich verkürzen und mehr Energie kann geliefert werden.

Auffällig ist, dass auf der einen Seite mit dem immer größer werdenden Anteil automatisierter Ortsnetzstationen die Unterschiede in der nicht gelieferten Energie immer geringer werden, jedoch der größte Unterschied sich nicht zwischen keiner und einer automatisierten Ortsnetzstation zeigt. Der weitere Verlauf würde dies jedoch zunächst vermuten lassen. Stattdessen ist der größte Unterschied zwischen einer und drei automatisierten Ortsnetzstationen feststellbar. Warum dies so ist, soll anhand eines stark vereinfachten Beispiels erklärt werden (vgl. Abb. 4.6).

Gegeben sei in Abb. 4.6 dargestelltes Netz, welches aus den Kabelstrecken 1 bis 8 besteht und den Ortsnetzstationen S1 bis S7 mit der offenen Trennstelle an der Ortsnetzstation S4. Weiterhin sollen die Annahmen gelten, dass die Zeit für eine manuelle Umschaltung 45 min und die für eine ferngesteuerte Umschaltung 3 min beträgt. Für die Erklärung werden drei unterschiedliche Fälle mit gleichen Fehlergeschehen betrachtet. Im ersten Fall sei keine der Ortsnetzstationen automatisiert und es kommt zu einer Störung der Kabelstrecke 2. An der Hauptsammelschiene würde der Leistungsschalter ausgelöst werden und der gesamte Bereich A wäre ohne Versorgung, bis nach frühestens 45 min durch Umschaltung der fehlerhafte Bereich herausgetrennt und die offene Trennstelle geschlossen wäre und wieder alle Stationen versorgt wären. Käme es während der Reparatur der Kabelstrecke 2 zu einem weiteren Fehler an der Kabelstrecke 3, wäre für mindestens 45 min die Stationen S3 bis S7 ohne Versorgung, bis durch eine weitere Umschaltung die Kabelstrecke 3 ebenfalls herausgetrennt wäre. Im zweiten Fall sei die Ortsnetzstation S 4 fernsteuerbar. Nach Eintritt des ersten Fehlers in der Kabelstrecke 2 könnte auch erst nach 45 min die Trennstelle geschlossen und der Bereich A wiederver-

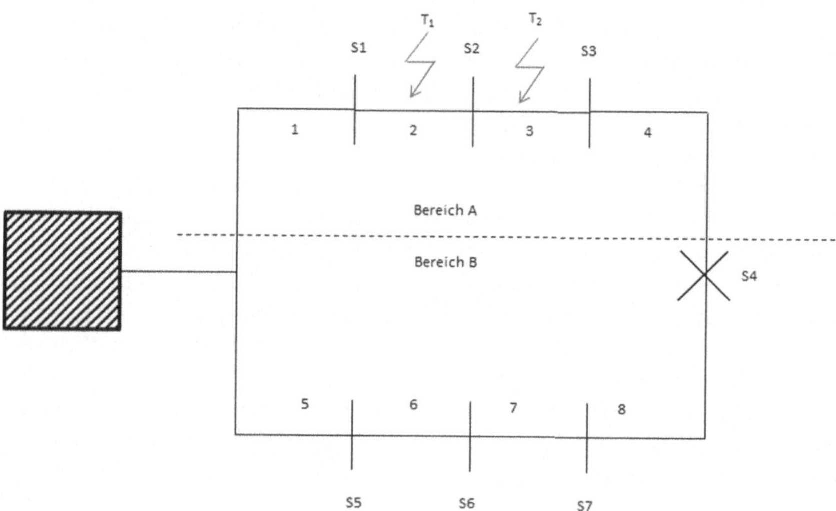

Abb. 4.6 Vereinfachtes Erklärungsmodell

sorgt werden, da der Fehler zuvor manuell herausgetrennt werden müsste. Hier wird durch die Automatisierung der Ortsnetzstation S4 kein Vorteil erzielt. Die Automatisierung zeigt jedoch dann ihren Vorteil im relativ unwahrscheinlichen Ausfall der Kabelstrecke 3 während der Reparatur der Kabelstrecke 2, da bereits nach 3 min durch automatisches Öffnen der Trennstelle an der Ortsnetzstation S 4 der gesamte Bereich B wiederversorgt werden könnte. Deshalb ist der Unterschied zwischen keiner und einer automatisierten Ortsnetzstation geringer, als im ersten Ansatz zu vermuten wäre. Im dritten Fall seien zusätzlich die Ortsnetzstationen S2 und S6 automatisiert. Nach Eintritt des Fehlers in der Kabelstrecke 2 könnten durch ferngesteuerte Umschaltungen an S2 und S4 die Stationen S2 bis S7 bereits nach drei Minuten wiederversorgt werden. Es zeigt sich also, dass in diesem Beispiel die Automatisierung einer Station nur für den unwahrscheinlichen Eintritt eines Fehlers während der Reparatur von Kabelstrecke 2 für die Hälfte der Stationen eine schnellere Versorgung ermöglicht. Im deutlich wahrscheinlicheren Fall einer einzigen ausgefallenen Kabelstrecke können bei drei automatisierten Ortsnetzstationen hingegen drei Viertel aller Stationen nach 3 min bereits wieder versorgt werden.

Methode zur wirtschaftlichen Bewertung der Strategien

5.1 Vorgehen

Zur Bewertung der Strategien werden Gesamtkosten ermittelt. Diese setzen sich zusammen aus den Investitionskosten einer Strategie, den Kosten durch die nicht-gelieferte Energie während einer Störung u nd den Folgekosten einer Störung.

5.2 Bewertung der Investitionen nach der Annuitäten-methode

Die Investitionen für die Fernsteuerung einer Sammelschiene mit Trennstelle und die für die Erneuerung eines Kabels werden in jährliche Annuitäten umgerechnet. Diese Kosten sind vergleichbar mit Finanzierungskosten [2]. Zur Bewertung der Strategien wird angenommen, dass jede Investition über den gesamten Zeitraum ihrer Nutzung finanziert wird. Dadurch wird auch dem Problem Rechnung getragen, dass auf Grund der bekannten Altersstruktur die Auswahl einer Strategie nicht von den zur Verfügung stehenden begrenzten Eigenmitteln abhängig ist, da eine Fremdfinanzierung angenommen werden kann. Diese Methode bietet den zusätzlichen Vorteil, dass jede Investition auch in Form von jährlichen Kosten darstellbar ist und so mit den jährlich unterschiedlichen Kosten für Störungen und nicht gelieferten Energie zusammenaddiert werden kann.

Nach [20] wird mit dem Kapitalwert C der Investition, dem Zinsfaktor q, und der Nutzungsdauer die Annuität

© Springer Fachmedien Wiesbaden 2014

T. Werth, *Investitionsstrategien für Mittelspannungskabel*, essentials,

DOI 10.1007/978-3-658-07668-9_5

$$A_n = C \cdot \frac{q^{T_n} \cdot (q-1)}{q^{T_n} - 1} \tag{5.1}$$

bestimmt.

Mit einem angenommenen Zinssatz von 5 % ergibt sich der Zinsfaktor

$$q = 1,05 \tag{5.2}$$

Nach [19] liegen die Investitionen für das Standardkabel NA2XS2Y, $3 \times 1 \times 185$ zwischen 80 bis 140 T€/km. Für die Bewertung der Strategien wird zur Berechnung der Annuitäten der Mittelwert 110 T€/km gewählt. Die Nutzungsdauer ist abhängig von der jeweiligen Strategie. Bei der 50-Jahres-Strategie beträgt diese 50 Jahre, für die 40-Jahres-Strategie 40 Jahre und für die typbedingte Strategie 36 Jahre für die VPE-Kabel. Bei den Strategien mit gleichbleibenden Investitionen wird für die Nutzungsdauer der Mittelwert gebildet, wie lang die im betrachteten Zeitraum erneuerten Kabel zuvor genutzt wurden.

5.3 Bewertung der Störungen

Jede Störung verursacht auch Folgekosten. Da die Anzahl der jährlichen Störungen abhängig ist von der gewählten Strategie, müssen diese mitbewertet werden. Aus [3] können als Mittelwert 5242 € für jede Störung eine Mittelspannungskabels angenommen werden. Diese können sich abhängig vom Netzbetreiber deutlich unterscheiden. In den Folgekosten für die Störung sind die anteiligen Personalkosten, Material für die Reparatur und Fahrtzeiten und auch kurzfristig zu beschaffende Tiefbauleistung enthalten.

5.4 Bewertung der nichtgelieferten Energie

In der Zuverlässigkeitsberechnung wird mit der maximalen Last von 10 MW gerechnet, um Überlastungen der Betriebsmittel und Verletzungen vorgeschriebener Grenzen als Folge einer Störung erfassen zu können. Für die monetäre Bewertung muss natürlich berücksichtigt werden, dass nur in den seltensten Fällen die volle Last aus dem Netz entnommen wird. Deshalb muss ein Mittelwert bezogen auf die maximale Last ermittelt werden, mit dem die aus den Zuverlässigkeitsberechnungen nicht gelieferte Energie korrigiert werden muss. Nach [19] setzt sich die entnommene Last zusammen aus 49 % Last durch in der Niederspannung ange-

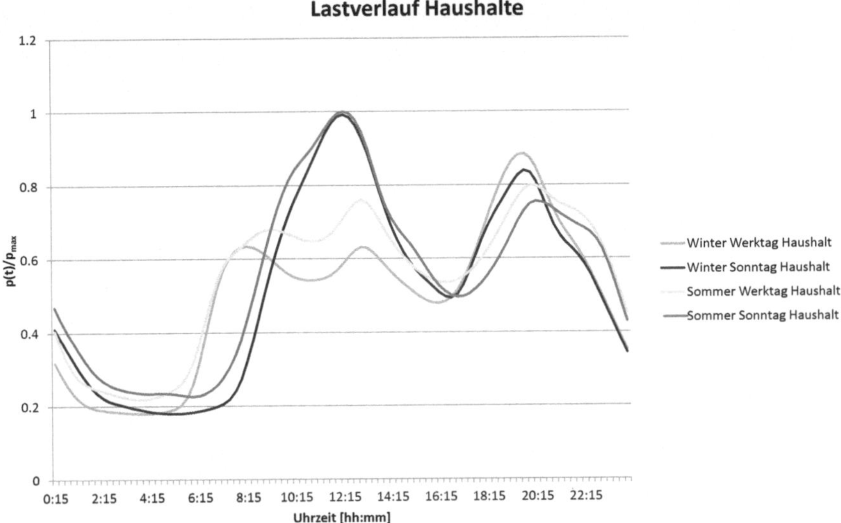

Abb. 5.1 Lastverlauf Haushalte

schlossenen Haushaltskunden, 44 % Last durch Gewerbekunden und der restlichen Last durch Industrie. In dieser Betrachtung wird von Haushalts- und Gewerbekunden ausgegangen. Für Haushalte und Gewerbe existieren Standardlastprofile, die bezogen auf eine bestimmte Jahresabnahmemenge die Tagesverläufe der Leistung für bestimmte Tage und Jahreszeiten beschreiben [2] und z. B. bei [21] als Werte heruntergeladen werden können. Aus den vorliegenden Profilen wird ein resultierendes ermittelt, in dem jeder gewichtete Viertelstundenwert des Haushaltprofils mit jedem gewichteten Viertelstundenwert des Gewerbeprofils addiert wird (vgl. Abb. 5.1 und 5.2).

Über das gesamte Jahr betrachtet beträgt der Mittelwert der Last 61,5 % der maximalen Last (vgl. Abb. 5.3).

Für die Bewertung der nicht gelieferten Energie wird ein typischer Arbeitspreis der Netzentgelte angenommen, welcher entsprechend der tatsächlichen Entwicklung um eine mittlere Teuerungsrate in jedem Betrachtungsjahr korrigiert wird.

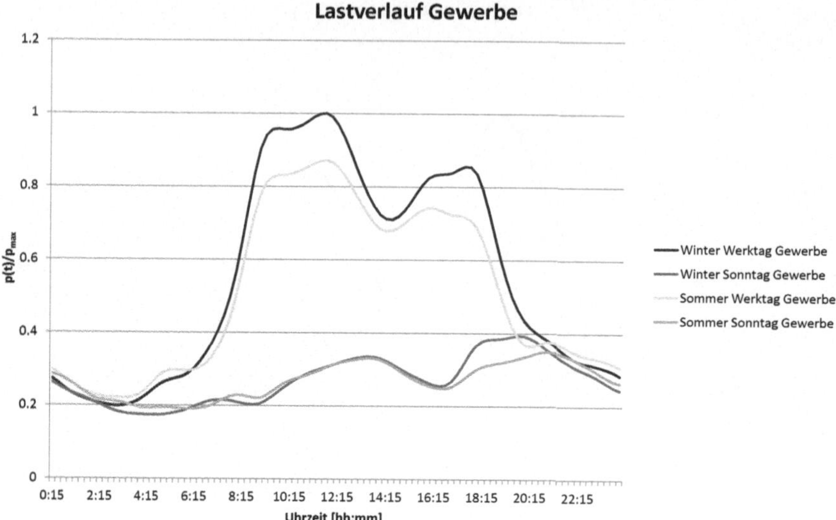

Abb. 5.2 Lastverlauf Gewerbe

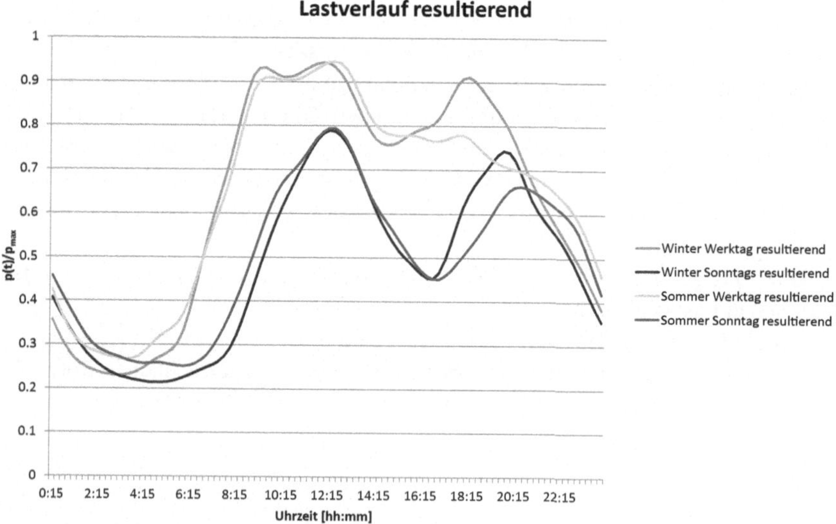

Abb. 5.3 Resultierender Lastverlauf

Ergebnisse der wirtschaftlichen Bewertung der Strategien 6

6.1 Zusammenfassung und Vergleich der wirtschaftlichen Bewertung

Die wirtschaftliche Bewertung der Strategien zeigt, dass die wirklich relevanten Kosten von den Störungen und den Investitionen abhängen. Dabei sind die Investitionskosten für die Erneuerungen stark unterschiedlich von der gewählten Strategie (vgl. Abb. 6.1).

Nicht nur die Investitionskosten insgesamt sind stark unterschiedlich, sondern auch die jeweiligen Zeitpunkte. Da ein Stromverteilnetz nicht nur aus Mittelspannungskabeln besteht, sondern auch aus anderen Betriebsmitteln, für die auch finanzielle Mittel zur Erneuerung bereitgestellt werden müssen, sind auch die Erneuerungszeitpunkte zu berücksichtigen. Deshalb kann es in Einzelfällen durchaus auch empfehlenswert sein, die Auswahl einer geeigneten Strategie nicht von den Gesamtkosten über den gesamten Betrachtungszeitraum abhängig zu machen, sondern auch von den tatsächlichen Kosten in einem bestimmten Betrachtungsjahr (vgl. Abb. 6.2).

Die Störungskosten einer Strategie sind neben den Investitionskosten für die Erneuerungen unabhängig von der gewählten Variante. In Abb. 6.3 sind die Kosten für die nicht gelieferte Energie als nicht erzielte Netzentgelte für die Basisvarianten der einzelnen Strategien abgebildet.

Bei den nicht erzielten Netzentgelten muss berücksichtigt werden, dass diese auf den Ergebnissen der Zuverlässigkeitsberechnungen beruhen und unterstellt wird, dass die nicht gelieferte Energie auch nicht nachgeliefert wird. Diese Unsi-

© Springer Fachmedien Wiesbaden 2014
T. Werth, *Investitionsstrategien für Mittelspannungskabel,* essentials,
DOI 10.1007/978-3-658-07668-9_6

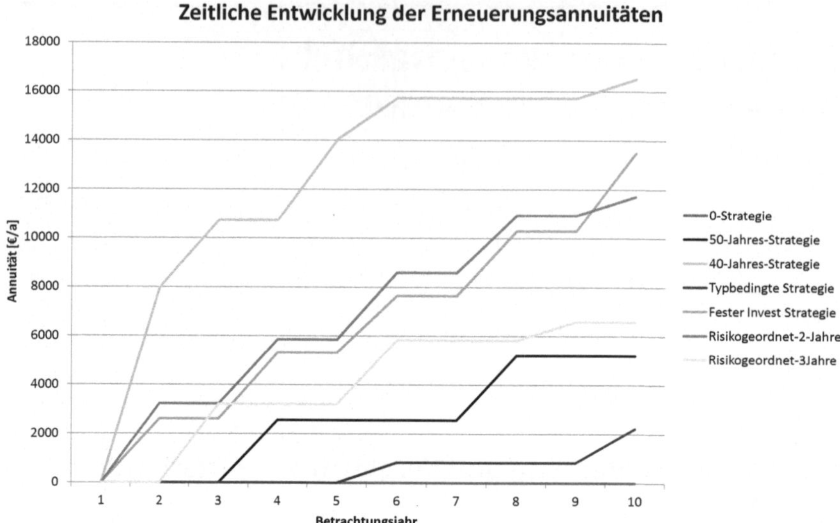

Abb. 6.1 Vergleich der Investitionskosten

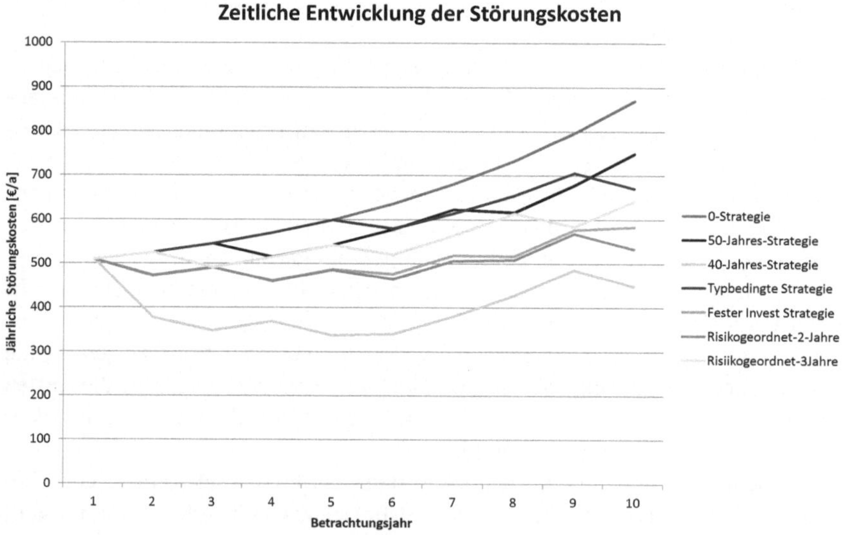

Abb. 6.2 Vergleich der Störungskosten

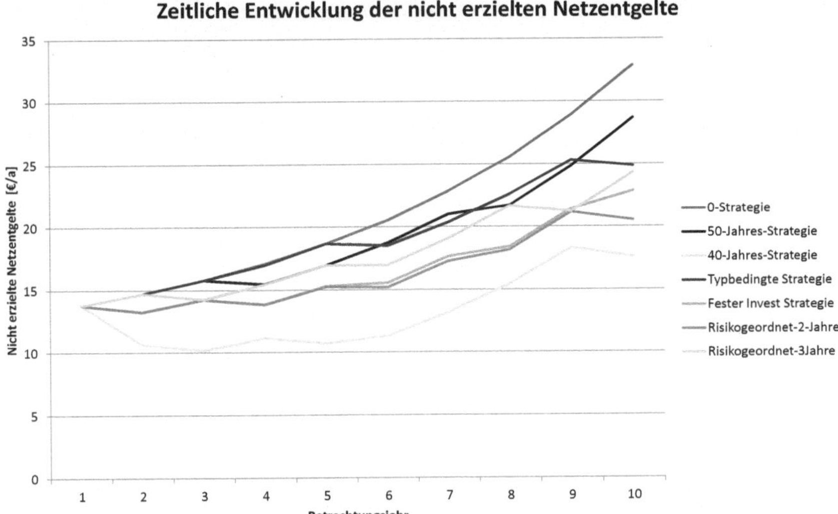

Abb. 6.3 Vergleich der nicht erzielten Netzentgelte

cherheit wirkt sich jedoch kaum auf die Gesamtkosten einer Strategie aus, an denen die nicht erzielten Netzentgelte einen unerheblichen Anteil haben (vgl. Abb. 6.4).

In der Gesamtkostenbetrachtung ist die 0-Strategie über den gesamten Betrachtungszeitraum die günstigste. Allerdings ist dies keine wirkliche Option, da natürlicher Weise jede Kabelstrecke irgendwann erneuert werden muss. Es muss auch berücksichtigt werden, dass diese Strategie zu den meisten Störungen führt und sich die Frage stellt, ob dann die Kosten für das Personal zur Störungsbeseitigung, welches dann zur Verfügung stehen müsste, die Strategie in der Praxis deutlich teurer werden ließen. Daher sollte diese Strategie immer nur als Referenz für die anderen Strategien dienen.

Vereinfacht lässt sich für die Basisvarianten der Strategien feststellen, dass sich die Gesamtkosten einer Strategie zu ca. 90 % aus Investitionskosten und zu 10 % aus Störungskosten zusammensetzen. Daher kann die nichtgelieferte Energie als Ergebnis der Zuverlässigkeitsberechnung tatsächlich nur als nicht rechtzeitig gelieferte Energie erachtet werden, welche keine direkten wirtschaftlichen Auswirkungen besitzt, sondern vielmehr als eine von mehreren Kenngrößen, welche ein Netz in seiner Zuverlässigkeit beschreiben.

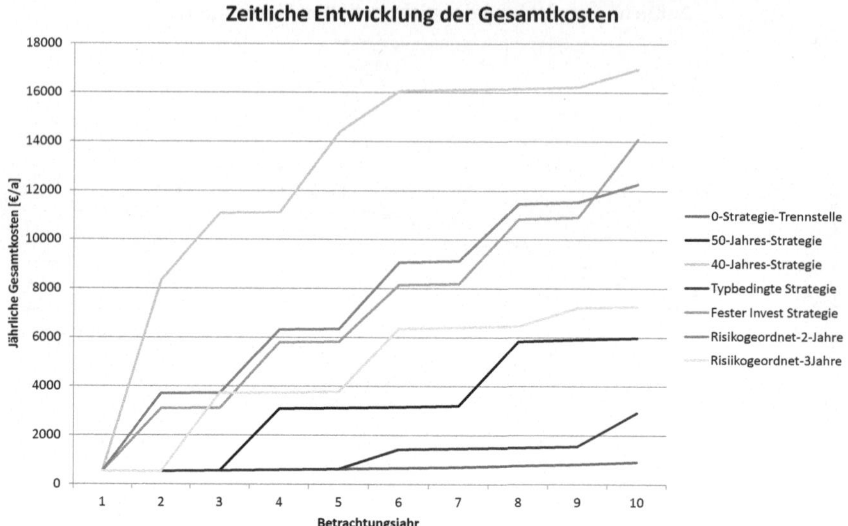

Abb. 6.4 Vergleich der Gesamtkosten

6.2 Einfluss der Investitionen auf die Netzzuverlässigkeit

Für die Basisvarianten sind die nicht gelieferte Energie und die Anzahl der Störungen als Funktionen in Abhängigkeit der Investitionskosten dargestellt (vgl. Abb. 6.5). Für beide Größen ist deutlich zu erkennen, dass diese mit steigenden Investitionskosten deutlich fallen. Allerdings kann nicht davon ausgegangen werden, dass sich beide Größen auf den Wert Null durch noch höhere Investitionen senken ließen. Dies ist in der Natur der Sache begründet, dass die Ausfallrate eines Betriebsmittels nie den Wert 0 erreicht. Deshalb würde eine Erneuerung auch im Bereich der zufälligen Ausfälle keine Vorteile bringen.

Auch ist ersichtlich, dass sowohl die Anzahl der Störungen als auch die Menge der nicht gelieferten Energie sehr unempfindlich auf das Investitionsverhalten reagieren.

Dies kann am Beispiel der beiden Strategien, alle zwei oder alle drei Jahre die Kabelstrecke mit der höchsten Störungsrate zu erneuern, verdeutlicht werden. Wird nur alle drei Jahre eine Kabelstrecke erneuert so entstehen im Vergleich zu anderen Strategie nur 58 % der Investitionskosten, wohin gegen die Störungen und die Menge der nicht gelieferten Energie nur um 10 % zunehmen.

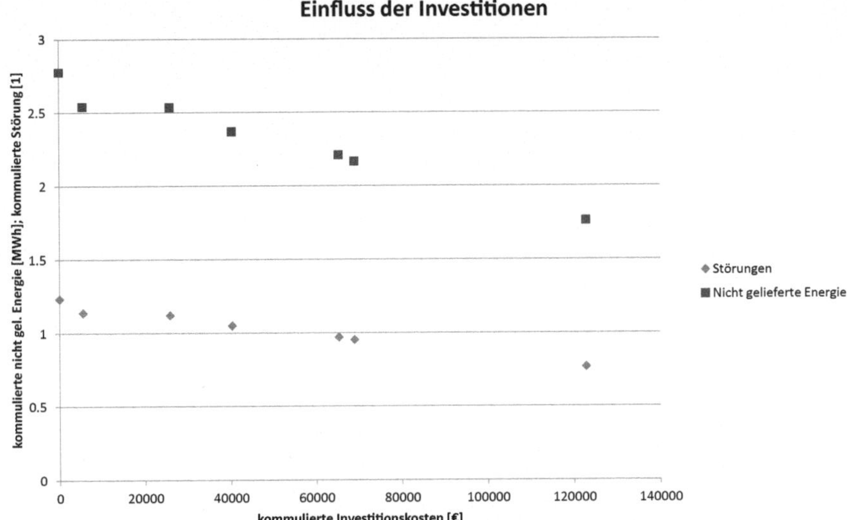

Abb. 6.5 Einfluss der Investitionen auf die Zuverlässigkeit

Handlungsempfehlungen

7.1 Handlungsempfehlung zur Strategiefindung

Die durchgeführte Studie hat gezeigt, dass die Auswirkungen von möglichen Strategien oder die Vorteile durch den Einsatz automatisierter Technologien auch durch vereinfachte und repräsentative Netzmodelle verdeutlicht und bewertet werden können. Auch wenn die Übertragbarkeit der einzelnen Ergebnisse auf ein gesamtes reales Netz in Frage gestellt werden könnte, so entsteht jedoch ein stärkeres Bewusstsein dafür, in welchen Größenordnungen sich Entscheidungen zur Erneuerung und zum Einsatz von Netzautomatisierung auf die Zuverlässigkeit eines Netzes auswirken und welchen wirtschaftlichen Wert eine Verbesserung oder Verschlechterung der Zuverlässigkeit eines Netzes tatsächlich hat.

Im Zuge der Entscheidungsfindung für Strategie sollten zunächst folgende Informationen ermittelt werden:

- Anteile von Kabeltypen unterschiedlichen Alters (z. B. interne Dokumentation, Statistiken…)
- Anzahl von Störungen eines Kabeltyps in Abhängigkeit vom Alter (Statistiken)
- Kosten für Störungen, Netzentgelte und Kabel (z. B. interne Dokumentation, Statistiken)

© Springer Fachmedien Wiesbaden 2014

T. Werth, *Investitionsstrategien für Mittelspannungskabel*, essentials,

DOI 10.1007/978-3-658-07668-9_7

Wenn diese Informationen vorliegen, kann die Strategiefindung erfolgen durch:

- Erstellen der Alterungsmodelle
- Vereinfachung des Netzmodells durch Zusammenfassung kleinerer Anteile von Kabeln oder durch Zusammenfassung von Kabeln mit gleichem Alterungsverhalten
- Festlegung der Parameter (Unterbrechungsdauer je Kabeltyp, Zeiten zur manuellen oder automatischen Umschaltung)
- Erstellung eines typischen Netzmodells (sofern relevant u. U. für verschiedene Klassen wie z. B. ländliche Netze mit hohen Freileitungsanteilen, oder Kabelnetze mit hohem Anteil von Industrie)
- Festlegung der zu simulierenden Strategien (z. B. auch der bisherigen) und Varianten
- Festlegung des Betrachtungszeitraums
- Durchführung der Zuverlässigkeitsberechnungen
- Bewertung
- Ggf. Auswahl von einer kleineren Anzahl der Strategien, die dann näher untersucht werden
- Überprüfung oder neue Festlegung der Strategien nach drei bis fünf Jahren

Für eine Strategieempfehlung sollten vorher die wirtschaftlichen Rahmenbedingungen feststehen, da nicht immer die nötigen Mittel für die insgesamt günstigste Strategie zu Verfügung stehen. Wenn die Erneuerungsstrategie und die Planungsgrundsätze festgelegt sind, so kann der Planungsaufwand in der Projektplanung minimiert werden.

7.2 Vereinfachte Festlegung der optimalen Nutzungsdauer

Aus den Zuverlässigkeitsberechnungen und deren wirtschaftlichen Bewertung wurde ersichtlich, dass die Kosten durch nicht erzielte Netzentgelte den geringsten Anteil an den Gesamtkosten haben. Daher kann die optimale Nutzungsdauer geschätzt werden, in dem die minimale Summe aus Störungskosten und Investitionskosten gesucht wird.

So werden in Abhängigkeit der Nutzungsdauer T_n mit den Kosten je Störung K_F und der altersabhängigen Störungsrate H aus den durchschnittlichen jährlichen Störungskosten und den von T_n abhängigen Annuitätskosten die Gesamtkosten

$$K_{ges}(T_n) = A_n(T_n) + \frac{K_F \cdot \sum_{i=1}^{n} H(n)}{T_n} \tag{7.1}$$

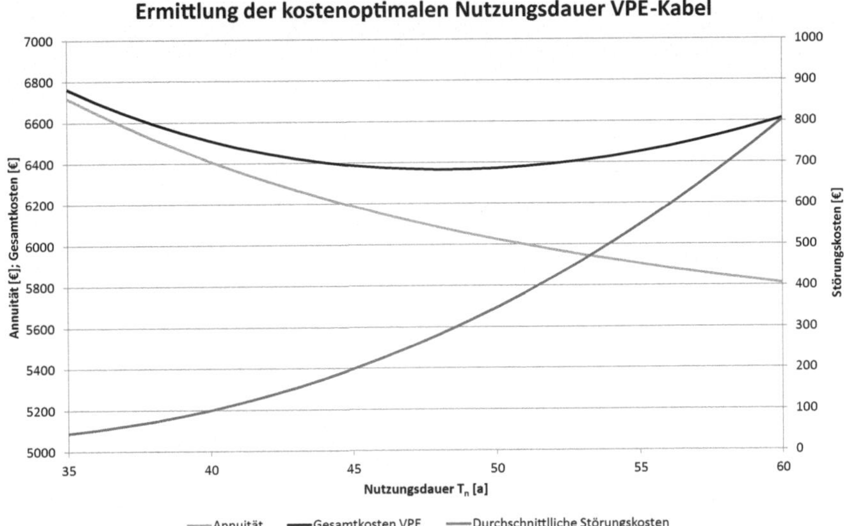

Abb. 7.1 Ermittlung des idealen Erneuerungszeitpunktes

ermittelt.

Gesucht ist das Minimum der Gesamtkosten. Diese wurden exemplarisch für ein VPE-Kabel ermittelt (vgl. Abb. 7.1).

Danach wäre der optimale Erneuerungszeitpunkt eines VPE-Kabels nach 48 Jahren. Allerdings muss ein Netzbetreiber berücksichtigen, dass Mittelspannungskabel maximal 45 Jahre abgeschrieben werden können und so Erlöse, die zur Finanzierung von Investitionsvorhaben benötigt werden würden, erst verspätet wieder zur Verfügung stehen [10]. Weiter muss berücksichtigt werden, dass bei dieser Strategie bewusst mehr Störungen in Kauf genommen werden müssen (Vergleich Störungsratenmodell in Kap. 2) und dafür auch entsprechendes Personal zur Störungsbeseitigung zur Verfügung stehen muss. Es ist deutlich erkennbar, dass niedrigere Störungskosten zu längeren optimalen Nutzungsdauern führen.

Zusammenfassung und Ausblick 8

Die vorliegende Arbeit hat gezeigt wie mit Hilfe der Zuverlässigkeitsberechnung auch an stark vereinfachten Netzmodellen die wesentlichen Auswirkungen einer gewählten Erneuerungsstrategie untersucht und technisch wie wirtschaftlich bewertbar gemacht werden können. Es konnte auch gezeigt werden, welche Einflüsse der Einsatz automatisierter Lösungen oder die Lage der Trennstelle haben können. Damit wurden die definierten Projektziele erreicht.

Die durchgeführten Berechnungen und Bewertungen führten zu den Erkenntnissen, dass

- (n−1)-sichere Kabelringe eine solide Grundlage bieten für eine zuverlässige Energieversorgung,
- die Zuverlässigkeit von Mittelspannungskabelnetzen eine Kenngröße ist, die sehr unempfindlich auf Investitionsentscheidungen reagiert und kurzfristig kaum beeinflussbar ist,
- dass dadurch die Zuverlässigkeit eines Netzes auch Potenziale bietet, Investitionskosten deutlich zu senken,
- die Investitionen für den Einsatz von automatisierten Ortsnetzstation sich nicht durch die kürzeren Umschaltzeiten und höheren Erlöse durch Netzentgelte rechtfertigen und deshalb
- es immer Ziel sein sollte, durch gezielte und intelligente Erneuerungsstrategien die Summe aus Investitions- und Störungskosten zu minimieren.

© Springer Fachmedien Wiesbaden 2014
T. Werth, *Investitionsstrategien für Mittelspannungskabel*, essentials,
DOI 10.1007/978-3-658-07668-9_8

Was Sie aus diesem Essential mitnehmen können

- Mit der richtigen Investitionsstrategie lassen sich die Zuverlässigkeit und die Kosten eines Netzes strategisch optimieren.
- Zuverlässigkeitsberechnungen in Referenznetzen sind ein ideales Werkzeug, um mit wenig Aufwand die Auswirkungen unterschiedlicher Investitionsentscheidungen messen und bewerten zu können.
- Die Fernsteuerbarkeit und die Verlegung von Trennstellen sind kostengünstigen Alternativen, die Zuverlässigkeit eines Netzes positiv zu beeinflussen.
- Die Wirtschaftlichkeit und der optimale Erneuerungszeitpunkt eines Mittelspannungskabels hängen von den zu erwartenden Störungen und Kosten zur Störungsbeseitigung ab.
- Die Zuverlässigkeit eines Netzes, welches das $(n-1)$-Kriterium erfüllt, reagiert unempfindlich auf die Alterung einzelner Teilstrecken.

Literatur

1. Friedhelm, N.: Einführung in die elektrische Energietechnik. Carl-Hanser-Verlag, Leipzig (2003)
2. Schlabbach, J., Metz, D.: Netzsystemtechnik – Planung und Projektierung von Netzen und Anlagen der Elektroenergieversorgung. VDE Verlag, Berlin (2005)
3. FGH e. V.: Entwicklung typspezifischer Prognosemodelle zur Beschreibung der Zuverlässigkeit von Betriebsmitteln im Rahmen des Asset Managements in elektrischen Verteilungsnetzen, Mannheim, 2013
4. FGH e. V.: Ein Werkzeug zur Optimierung der Störungsbeseitigung für Planung und Betrieb von Mittelspannungsnetzen, Mannheim, 2008
5. Nagel, H.: Systematische Netzplanung, 2. Aufl. VWEW Verlag, Frankfurt a. M. (2008)
6. Meyna, A., Pauli, B.: Zuverlässigkeitstechnik – Quantitative Bewertungsverfahren, 2. Aufl. Carl Hanser, München (2010)
7. Schufft, von W.: Taschenbuch der elektrischen Energieversorgung. Carl Hanser, Fachbuchverlag, Leipzig (2007)
8. Gesetz über die Elektrizitäts- und Gasversorgung (Energiewirtschaftsgesetz – EnWG), 7.8.2013
9. Verordnung über die Anreizregulierung der Energieversorgungsnetze (Anreizregulierungsverordnung – ARegV), 14.8.2013
10. Verordnung über Allgemeine Bedingungen für den Netzanschluss und dessen Nutzung für die Elektrizitätsversorgung in Niederspannung(Niederspannungsanschlussverordnung – NAV), 3.9.2010
11. https://beck-aktuell.beck.de/news/bgh-netzbetreiber-haftet-f-r-berspannungssch-den-an-endverbraucherger-ten. Zugegriffen: 23. April 2014
12. Gesetz über die Haftung für fehlerhafte Produkte (Produkthaftungsgesetz – ProdHaftG), 19.7.2002
13. Gottschalk, A.: Qualitäts- und Zuverlässigkeitssicherung elektronischer Bauelemente und Systeme. Expert Verlag, Renningen (2010)
14. Bertsche, B., Lechner, G.: Zuverlässigkeit im Fahrzeug und Maschinenbau. Springer, Berlin (2004)
15. Küchler, A.: Hochspannungstechnik, 2. Aufl. Springer, Berlin (2005)
16. Porzel, von R., Neudert, E., Sturm, M.: Diagnostik der Elektrischen Energietechnik. Expert Verlag, Renningen-Malmsheim (1996)

© Springer Fachmedien Wiesbaden 2014

45

T. Werth, *Investitionsstrategien für Mittelspannungskabel*, essentials,
DOI 10.1007/978-3-658-07668-9

17. Papula, L.: Mathematik für Ingenieure und Naturwissenschaftler, Bd. 3, 6. Aufl. Vieweg und Teubner, Wiesbaden (2011)
18. Nexans Germany: Starkstromkabel 1-30 kV, Stand Januar 2014
19. Deutsche Energie-Agentur GmbH: Endbericht Ausbau- und Innovationsbedarf der Stromverteilnetze bis 2030, Berlin, 2012
20. Heuck, von K., Dettmann, K-D.: Elektrische Energieversorgung, 6. Aufl. Vieweg, Wiesbaden (2005)
21. http://www.netz-duesseldorf.de/strom/veroeffentlichung/veroeffentlichung_standardlastprofile.php